Cord Riechelmann

Wo sind die Vögel nachts?

Mit Papierschnitten von Ulrike Steinke

Ein lauschendes Heft

MaroVerlag

Was Vögel tun, wenn das Tageslicht schwächer wird und die Dunkelheit sich anbahnt, ist – auch wenn oft geräuschvoll begleitet – immer noch eher ein Geheimnis als ein offenes Buch. Sicher ist, dass die überwiegende Mehrzahl der weltweit um die 10 000 Vogelarten tagaktiv ist und in der Nacht ruht.[1] Unsicher bleibt, wie sich die meisten Vögel nachts verhalten, da nur die wenigsten Vogelarten so gut untersucht sind, dass man wüsste, wie ihr Nachtleben aussieht. Hinzu kommt, dass die Unterscheidung von Tag und Nacht nicht so eindeutig und übergangslos zu haben ist, wie es die Begriffe suggerieren.

Den Eulen (*Strigiformes*) zum Beispiel sagt man zu Recht nach, dass sie in der Dunkelheit jagen. In nordischen Gebieten, in denen gerade zur Zeit ihrer Jungenaufzucht die Tage so lang werden, dass keine Nacht mehr zu erkennen ist, jagen sie auch im Hellen – und das gilt selbst für unsere Breiten, wenn es die Umstände erfordern, Hunger etwa. Das heißt nichts anderes, als dass jedes Wissen über die Vögel situiert ist. Es ist an die Zeit, den Ort und die jeweiligen Umstände gebunden und gilt eben genau dort für den Moment. Denn Vögel gibt es überall. Mit Ausnahme tiefer Ozeangebiete können sie die gesamte Erde besiedeln und tun es auch. Auf ihre jeweilige Art sind sie globalisierter als Menschen, zudem können die meisten von ihnen fliegen.

Vögel haben, so verschieden ihre Rhythmen auch sein können, eine andere »innere Uhr« als wir. Sie ist nicht annähernd in der Nähe unserer sogenannten »circadianen Rhythmik«, die sich in etwa im 24-Stunden-Takt bewegt. Zudem gestaltet sich ihr Verhalten in der Dämmerung und die Nacht hindurch – nicht nur abhängig von den Jahreszeiten – oft sehr verschieden. Das gilt auch für solche Vögel, die man manchmal nachts singen hört, wie Nachtigallen (*Luscinia megarhynchos*). Nachtigallen haben ihren Namen, weil sie oft äußerst konzertant komponierte Nachtgesänge vortragen, die niemand überhören kann, der sich in der Nähe eines singenden Hahnes – einer männlichen Nachtigall – aufhält oder zu schlafen versucht. Zwischen Mitte April und Anfang Mai, wenn sie aus ihren afrikanischen Winterquartieren in ihre hiesigen Brutgebiete zurückgekommen sind, zeigen sie damit ihre Reviere oder Territorien als besetzt an und werben um eine Henne. Die Hähne singen so lange nachts, wie sie keine Partnerin gefunden haben, in der Regel über einen Zeitraum von zwei bis vier Wochen.

Da ich das Glück habe, in der Hauptstadt der Nachtigallen zu leben – Berlin –, kann ich aus eigener Hörerfahrung sagen, dass ihre Nachtlieder nur über einen kurzen Zeitraum zu vernehmen sind. Nach der Verpaarung singen sie zwar mit unverminderter Stimmgewalt weiter, allerdings tagsüber. Seit zwanzig Jahren singen jetzt Nachtigallenhähne in den Parkbäumen vor meinem Fenster. Der Plural ist dabei ihrer Lebenserwartung geschuldet. Nachtigallen können zwischen fünf und sieben Jahre alt werden, woraus folgt, dass es über die Jahre verschiedene Hähne gewesen sein müssen, die da sangen und singen. So klar die Nachtigallen akustisch ihre Anwesenheit vermelden, so scheu sind die graubraunen Vögel, wenn es um ihre Sichtbarkeit geht. Gesehen habe ich die Vögel in all den Jahren nur selten. Schlafend, mit geschlossenen Augen oder auch nur mit eingezogenem Hals auf einem Ast sitzend, nie. Und das ist der Regelfall für fast alle Vögel in der Nacht, selbst die, die ihre Aktivität in die Dunkelheit verlegt haben: Man sieht sie nicht.

Am Verhalten von Nachtigallen lassen sich noch andere Erscheinungen beschreiben, die die Nacht hervorbringt. Denn auch wenn man sie nicht sieht, kann man sie ja hören und das freut Katzen wie Eulen, die sich nachts neben dem Sehsinn vor allem auf ihr Gehör verlassen. Nachtigallen haben in ihrem Gesang, auch in Reaktion auf die erwartbaren Feinde, spezielle akustische Merkmale. Ihr Gesang enthält Töne, die mancher Katze so unangenehm sind, dass sie den Geräuschraum lieber verlässt als den Sänger zu suchen. Darüber hinaus ist ihr Gesang sehr schwer zu orten. Wo man sie hört, findet man sie nicht unbedingt.

Es stellt sich die Frage, wo Vögel in der Nacht dann sind. Wo fliegen sie hin? Was machen sie? Und, wenn man kurz an die denkt, die nachts singen oder rufen, wie es Stein- und Waldkäuze selbst in Städten und Parklandschaften tun: Schlafen sie überhaupt? Und wenn ja, wie lange?

Mit den Eulen, zu denen Wald- und Steinkäuze gehören, hat man schon einige nachtaktive Vögel benannt, deren Verhalten wiederum für tagaktive Arten von Belang ist. Denn Vögel sind, wenn sie schlafen – wie fast alle Tiere –, ihren Fressfeinden ungeschützt ausgeliefert. Eulen beginnen ihre Jagdflüge in der Abenddämmerung und ernähren sich nicht nur von Mäusen und Ratten, sondern auch von allen möglichen Vögeln, vom Zaunkönig bis zum Hühnerhahn, abhängig von ihrer je eigenen Größe. Den Tag verdösen Eulen an für sie sicheren Orten, die sich auf Bäumen, in Höhlen, in Industrieruinen oder einfach auf einem Dach in der Stadt befinden können. Ihre Augen schließen sie dabei vor allem, um das Licht auszublenden, blinzeln aber immer wieder, um ihre Umgebung zu sichern. Bei ihrer Nachtarbeit sind Eulen so unsichtbar wie die ruhenden Vögel. Man sieht sie nur äußerst selten und ihr Flug ist nahezu lautlos. Trotzdem meint jeder und jede sie zu kennen und weiß, wie Eulen aussehen. Dass ihr Ruf unter Menschen zwischen Weisheits- und Todesvogel hin und her changiert, gilt für kleinere Vögel wie Stare oder Spatzen nicht. Für die sind sie bloß das Grauen und der Tod.

Gegen die Bedrohung von Eulen sowie tag- und dämmerungsaktiven Greifvögeln wie Habichten und Falken versammeln sich Spatzen wie Stare in kleineren, größeren, manchmal auch riesigen Schwärmen. Spatzen halten sich in der Regel immer in Flug- und Fluchtdistanz zu schützenden Bäumen, Büschen oder Kletterpflanzen wie Efeu und Wein auf, deren dichtes Laub sie vor dem Zugriff der Greifvögel schützt. Abends ziehen sie sich in dichtes Buschwerk zurück, was sich als aufgeregtes kakophonisches Lautwerk entpuppen kann. Irgendwann mit der Dunkelheit verstummen die Vögel dann und scheinen wirklich zu schlafen. In Sicherheit sind sie damit aber nicht. Denn Schleiereulen zum Beispiel, die lautlosesten Flieger unter den Eulen, haben eine auf Vogelgruppen in Hecken spezialisierte Jagdtechnik entwickelt: Leise fliegen sie um die Büsche und schlagen plötzlich mit den Flügeln gegen die äußeren Blätter. So erschrecken sie die Spatzen. Fliegt dann einer panisch auf und verlässt den Busch, wird er zur sicheren

Beute der Eule. Da Schleiereulen sich allein über das Gehör im Raum orientieren können, haben sie weder Schwierigkeiten, die aufgescheuchten Spatzen zu orten, noch sie zu fangen. Für die Spatzengruppen im Gebüsch bedeutet das, dass es gefährlich ist, wenn alle die ganze Nacht durchschlafen. Es ist günstiger, wenn immer ein paar von ihnen wach sind, um Feinde rechtzeitig zu bemerken und die Genossinnen und Genossen im Notfall warnen zu können.

Wegen der Gefahren suchen sich viele kleinere Vögel wie Meisen, Baumläufer und Zaunkönige, aber auch manche Spatzen und Stare ihre Schlafplätze an sicheren Ecken in einem Gebäude, Löchern in Bäumen oder in Nistkästen. Da nicht alle Vögel – wie Spechte ihre Baumhöhlen oder Zaunkönige ihre Kugelnester – ihre Höhlen selbst anfertigen können, bleiben Verstecke – ob an Häusern oder in Gehölzen – immer eine knappe Ressource.

Viele Vögel übernachten oder ruhen im Sitzen auf einem Ast, einer Fensterbank oder auf Balkonen und allen möglichen durchs Land gezogenen Drähten oder Leitungen. Tauben oder Bussarde haben wahrscheinlich schon viele mit leicht aufgeplustertem Gefieder, also fast verdeckten Beinen, und mit eingezogenem Kopf in einem Baum dösend sitzen sehen. Dass sie, wenn sie dabei noch die Augen schließen, nicht schlafend vom Ast fallen, ist bemerkenswert. Indem das Gewicht des Vogelkörpers auf die Beinmuskulatur drückt, werden die Sehnen der Füße gestrafft und halten sich an der Sitzstange fest. Ein besonderer Sperrmechanismus an den Sehnen der Zehenbeuger verhindert, dass sich der Griff des ruhenden Vogels lockert. Bussarde, die sich abends besonders früh zum Ruhen setzen und morgens sehr spät aufstehen, können so fast mühelos ihrem Ruf als Langschläfer im Vogelreich gerecht werden. Reiher und Störche, besonders langbeinige Stelzvögel, und Kormorane schaffen es mit dieser Technik, selbst an exponierten Stellen in Baumkronen zu übernachten. Die Sitzschläfer unter den Vögeln können praktisch an jedem Ort die Nacht verbringen, den sie dafür geeignet finden.

Von allen Plätzen, an denen Vögel die Nacht verbringen können – am Boden, auf einem Ast, im Nest oder in einer Höhle –, ist die Luft für uns Menschen am weitesten weg. Die Luft als Ort oder Medium der

alltäglichen Bewegungen erfordert oder bringt eine andere Empfindlichkeit, eine andere Weltwahrnehmung hervor als der schwerfälligere Gang auf der Erde. Das ahnte schon der junge Hegel, der später der Phänomenologe des Geistes und der Denker des menschlichen Selbstbewusstseins wurde, als er die Vögel von den anderen Tieren trennte, weil sie den Gesang haben, »den die anderen entbehren, weil sie dem Elemente der Luft angehören; – artikulierende Stimme; ein aufgelösteres Selbst«[2]. Und eine solche artikulierende Stimme ist auch eines der Erkennungszeichen von einem der Luftvögel unserer Breiten: dem Mauersegler (*Apus apus*).

Dass Mauersegler fast ihr ganzes Leben, mit Ausnahme der Brut und der Jungenaufzucht, in der Luft verbringen und dort auch schlafen, haben Ornithologen schon lange vermutet. Nur waren ihre Belege dafür auf Einzelbeobachtungen oder Zufallsfunde in Radaraufzeichnungen angewiesen. So war ein französischer Pilot im Ersten Weltkrieg in einem nächtlichen Sondereinsatz während seines Sinkflugs mit abgestelltem Motor aus 3 000 Meter Höhe in eine Vogelschar geraten, die bewegungslos zu sein schien und auch sonst keine Reaktionen zeigte. Dass der Pilot in eine Gruppe schlafender Mauersegler flog, ließ sich belegen, weil es ihm gelungen war, zwei Vögel zu greifen. Einen weiteren Mauersegler fand man später tot in seinem Motor.

Was lange Zeit als Anekdote zweifelsfrei wahr war, aber eben eine Einzelbeobachtung blieb, gilt seit 2016 als bewiesen. In diesem Jahr hatte eine schwedische Forschergruppe der Universität Lund die Ergebnisse einer zehnmonatigen Studie an 19 besenderten Mauerseglern veröffentlicht.[3] Die Sender registrierten den Standort der Vögel und vermerkten dabei auch, ob sie sich in der Luft oder am Boden aufhielten und wie schnell sie flogen. Das Ergebnis: Mit Ausnahme einiger kurzer Landepausen, die manche Vögel einlegten, hielt sich die Mehrzahl außerhalb der Brutzeit ständig in der Luft auf und schlief auch dort. Was die Segler dort treiben, kann man hierzulande vor allem in Städten von Mai bis August gut verfolgen. In Städten deshalb, weil die ursprünglichen Felsenbrüter auf hohen Gebäuden Nester suchen. Da ich das Glück habe, dass Mauersegler seit fünf Jahren direkt über meinem Schlafzimmerfenster im achten Stock eines Hauses in

Berlin-Kreuzberg brüten, kann ich sie über einen Zeitraum von etwa acht Wochen im direkten Anflug auf ihre Höhle beobachten. Dabei erinnern die langen sichelförmigen Flügel und der kurze gegabelte Schwanz am rußschwarzen kompakten Körper an einen fliegenden Scherenschnitt. Sie erscheinen allerdings immer nur sehr kurz. Sie fliegen an, verschwinden sofort im Nest, manchmal begleitet von ganz kurzen »Sir«-Rufen, die schnell wieder verstummen.

Mauersegler suchen sich ihre Nester in dunklen, horizontalen Hohlräumen mit direktem Anflug in Mauerlöchern, unter Dachziegeln oder Dachrinnen und in undichten Jalousiekästen. Besonders wichtig ist es für sie, von einer erhöhten Position an- und abfliegen zu können. Denn Mauersegler besitzen die kürzesten Beine im Vogelreich, die es ihnen praktisch unmöglich machen, vom Boden aus in die Luft zu starten. Deshalb ist es für die flügge gewordenen Jungen notwendig, dass sie direkt in die Luft springen können, in der die meisten fast das ganze nächste Jahr verbringen werden, ohne irgendwo zu landen. Ihre rasenden Flüge dienen nicht nur dem Spiel, sie ermöglichen auch ihre Insekten- und Spinnenjagd. Mauersegler fangen ihre Nahrung, indem sie mit weit offenem Schnabel ihre Beute einfach in ihrem riesigen Rachen versenken. An reichen Insektentagen fangen sie bis zu 20 000 der kleinen Hautflügler, Käfer oder – in Teilen Afrikas – schwärmenden Termiten. Bei Tiefflugjagden trinken sie nebenher: Sie öffnen ihren Schnabel und streifen damit im Flug die Wasseroberfläche.

Und weil sich das Verhalten der Vögel in der Luft noch immer in wesentlichen Teilen der wissenschaftlichen Beobachtung entzieht, behält ihr Flugleben einen Anflug von Magie. Magisch wirken vor allem ihre abendlichen Flugspiele im Hochsommer. Was mit rasend schnellen, auch tiefen Gruppenflügen über Wasserflächen, in Häuserschluchten oder um Kirchtürme beginnt, verlegt sich wie von einer höheren Macht gezogen immer mehr in Richtung Himmel. Während dieses langsamen Aufstiegs werden die schrillen »Sirrr«-Kontaktrufe, für Menschen das eindeutige Erkennungszeichen der Mauersegler, leiser und leiser, bis sie mit den Vögeln in den Wolken und der Dunkelheit verschwinden. Dort oben, in zwei Kilometern Höhe, in der sogenannten konvektiven Grenzschicht, befinden sie sich in einem Luftstrom, auf den die Landschaft unten keinen Einfluss mehr hat. Diese Luftströme werden von den Bewegungen großflächiger Wettersysteme bestimmt, und sie stellen für die Vögel nicht nur einen Ruheraum, sondern auch eine Verbindung zu den Wetterbedingungen der nächsten Tage her.

Mauersegler sind auf gutes Insektenflugwetter angewiesen, um ihren Hunger zu stillen. Schlechtwetter können sie dank ihrer Schnelligkeit großflächig ausweichen. Um aber zu wissen, welche Richtung sie stattdessen einschlagen sollten, müssen sie die Wetterlagen über die erdnahen Wetter hinaus beurteilen können. Dieses Wissen holen sie sich vermutlich bei ihren nächtlichen Höhenflügen – in Höhen, in denen sie auch schlafen, und zwar mit zwei geschlossenen Augen. Dass sie im Tiefschlaf vermutlich an Höhe verlieren, ist nicht schlimm, da die Schlafphasen nur kurz sind und sie den Höhenverlust mit dem Erwachen wieder aufholen können. Vögel neigen generell dazu, in kleinen Einheiten zu schlafen, was ihnen eine schnellere Reaktionsmöglichkeit auf räuberische Bedrohungen, plötzlich einbrechende Kälte oder überhaupt Wetterveränderungen ermöglicht. Dafür haben Vögel unterschiedliche Schlafstrategien entwickelt, deren äußere Erscheinung man in jedem Stadtpark beobachten kann.

Wasser- und Watvögel schlafen in der Nähe von Gewässern. Kraniche stehen über Nacht besonders zu Zugzeiten gern zu Hunderten in Teichen oder seichten Seen. Das lässt sie Fressfeinde wie Füchse und Hunde schneller hören, wenn diese durchs Wasser laufen, außerdem sehen hundert müde Augen mehr als zwei. Eine auf einem Bein am Rand eines Gewässers ruhende oder schlafende Stockente kann als Ikone für eine der Schlafstrategien der Vögel gelten. Und das nicht nur, weil sie auf einem Bein steht, während sie das andere an den Körper gezogen und den Kopf auf den Rücken gelegt hat, um den Schnabel ins Gefieder zu betten. Viele Vögel schlafen auf einem Bein stehend, zum Beispiel auch Flamingos.

Wer einmal einen schlafenden Kormoran gesehen hat, mit dem ganz in den Rückenfedern verschwundenen Schnabel, der Besuch von einer Nebelkrähe bekommt, erhält einen Eindruck davon, wie rätselhaft sein Verhalten auf sie wirkt. Jene grau-schwarze Krähe nähert sich dem Kormoran an einem Wintertag zurückhaltend und gleichzeitig offensiv neugierig, wie Krähen es eben tun. Die Vorsicht, mit der sie den Kormoran am Gefieder zupft, spricht von ihrer Unsicherheit. Wenn der Kormoran daraufhin seinen Schnabel aus den Federn zieht und die Krähe offenen Auges anblickt, verschafft er ihr die Gewissheit, die sie nicht haben will: Er lebt.

Offensichtlich kann die Krähe von außen nicht unterscheiden, ob der Kormoran tot ist oder nur schläft. Mit einem lebenden Kormoran würde sich die auch aasfressende Krähe nicht anlegen. Dafür sind Kormorane zu groß und die zu den Singvögeln zählenden Krähen zu schlecht bewaffnet. Mit ihren Füßen und dem Schnabel wären sie – im Unterschied zu Greifvögeln wie Bussarden oder Habichten – nicht mal in der Lage, einem toten Eichhörnchen das Fell aufzuhacken. Entscheidend aber ist etwas anderes: Genauso wenig wie die Krähe von außen zwischen Schlaf und Tod unterscheiden kann, können wir nur vom Anblick entscheiden, ob ein Vogel rastet, ruht oder schon weggedöst ist. Dem zugrunde liegt, dass die binäre Unterscheidung zwischen Wachen und Schlafen so künstlich wie ungenau ist. Und das liegt nicht nur daran, dass die Übergänge, wie Ruhen oder Dösen, fließend sind. Es hat auch handfeste, sozusagen interne Gründe und für die sind Stockenten ikonisch geworden.

Stockenten (*Anas platyrhynchos*) können einseitig schlafen, also mit einer Gehirnhälfte und einem geschlossenen Auge, während die andere Gehirnhälfte wach und ein Auge geöffnet ist. Sie schlafen vorrangig dann einseitig, wenn sie an den Rändern ihrer Schlafgruppen oder allein ruhen. Also dann, wenn sie den Gefahren, die von Füchsen, Hunden oder Greifvögeln ausgehen, ungeschützter ausgesetzt sind, als wenn sie sich im Zentrum einer Schlafgemeinschaft befinden. Lieber aber, davon kann man ausgehen, schlafen sie mit beiden Hirnhälften gleichzeitig und zwei geschlossenen Augen. Denn im Inneren ihrer Gruppen tun sie das üblicherweise.[4]

Neu ist an dieser Erkenntnis nicht der einseitig mögliche Schlaf. Bei Säugetieren wie Delfinen hatte man diesen schon länger nachgewiesen. Neu ist die soziologische Erkenntnis, dass die Schlafform von der Platzierung im sozialen Gefüge abhängt. Davon abgesehen taucht hier eine andere Frage auf. Was tut eigentlich eine einseitig schlafende

Ente – wacht sie oder schläft sie? Sie tut natürlich beides und das gleichzeitig. Was nicht ausschließt, dass sie währenddessen auch rastet oder ruht. Wenn hier also von Ruhen oder Schlafen im mal synonymen und mal unterschiedenem Sinn Gebrauch gemacht wird, ist das der Uneindeutigkeit der Biologie selbst geschuldet. Das heißt nicht, dass man nicht auch bei Vögeln den sogenannten Tief- oder REM-Schlaf elektroenzophalografisch definieren und messen kann.

Im November 2023 erschienen im Fachblatt »Science« zwei bahnbrechende Studien zum Schlafverhalten von Zügelpinguinen (*Pygoscelis antarctica*) auf King George Island in der Westantarktis.[5] Zügelpinguine leben und brüten in großen Kolonien, in denen sich ein Paar beim Bebrüten ihres Eies abwechselt und ebenso im Wechsel auf das geschlüpfte Junge aufpasst. Während der eine Partner oft tagelang auf Nahrungssuche im Meer verschwindet, kann sich der zurückgelassene Pinguin kaum eine Unaufmerksamkeit leisten. Denn die Pinguinkolonien werden in der Antarktis regelmäßig von Raubmöwen, Skuas genannt, beobachtet und besucht, von denen sich nicht wenige auf den Verzehr von Pinguineiern und -küken spezialisiert haben. Ein längerer, durchgehender Schlaf eines der Pinguineltern wäre hochgefährlich, denn gegenüber den an Land wendigeren und geschickteren Möwen sind verschlafene Pinguine chancenlos. Die Pinguine haben dagegen eine Strategie entwickelt, die nach heutigem Forschungsstand einmalig in der Geschichte der Evolution des Schlafes ist. Sie schlafen immer nur für ein paar Sekunden, das aber mehr als 10 000 Mal am Tag. Durch die ständige und rhythmisch kaum berechenbare Wiederholung ihres Sekundenschlafs kommen die alten Pinguine in der Summe täglich auf über 11 Stunden Schlaf.[6] Im Gegensatz zu Stockenten, die an den Rändern unruhiger schlafen als im Zentrum ihrer Gruppen, schlafen die Pinguine an den Rändern ihrer Kolonien ruhiger. Das heißt ein bis zwei Sekunden länger und weniger einseitig als in der Mitte der Brutgesellschaft. Das Forschungsteam führt das auf die Enge, die innerartliche Konkurrenz – Pinguine leben zwar in großen Gruppen, sind an Land aber äußerst streitlustig – und den größeren Lärm durch die ewigen Zankereien im Zentrum der Kolonie zurück.

Mit dem Lärm in der Mitte der Pinguinkolonie hat man auch einen universell wirksamen Widersacher der Ruhe und des Schlafes in den Blick bekommen. Überhaupt verdankt sich die bisher so einmalige Sekundenschlafforschung an den Pinguinen, deren Ergebnisse im Freiland gewonnen wurden und nicht wie bisher üblich an Modellorganismen wie Ratten, Mäusen oder Fruchtfliegen im Labor, nicht bloß dem Interesse am Leben der Vögel. Der Sekundenschlaf, der bei Menschen unwillkürlich und wie aus dem Nichts kommend in die Wachphasen einfallen kann, wird besonders beim Autofahren und Überschallkriegsflugzeugefliegen zu einem tödlichen Risiko.

Es ist deshalb auch kein Wunder, dass Jonathan Crary sein großartiges Buch »24/7. Schlaflos im Spätkapitalismus«[7] mit einem Forschungsprojekt zum Schlaf- bzw. Nicht-Schlafverhalten eines Zugvogels beginnt, das die Forschungsbehörde des US-Verteidigungsministeriums finanzierte. Crary zeigt in seinem Essay sehr schön, wie der Schlaf nicht nur von Philosophen wie René Descartes und Künstlerrevolutionären wie Guy Debord zum Widersacher von Vernunft, Erkenntnis sowie Freiheit und Gleichheit erklärt wird. Auch die Industriemoderne bekämpft den Schlaf damit, dass Städte und ganze Landstriche 24 Stunden am Tag hell erleuchtet sind.[8] Eine Tatsache, die auch für das Leben, Wachen und Ruhen von Vögeln nicht folgenlos bleibt.

Erst einmal gilt es festzuhalten, dass das Ruhe- und Schlafverhalten von Vögeln nicht nur einer inneren Rhythmik folgt, sondern sich in Abhängigkeit von sozialen und anderen Umweltfaktoren individuell gestaltet. Dafür geben wiederum Stockenten ein gutes Beispiel: Stockenten sind tag- und nachtaktiv. Dort, wo Menschen sie bejagen, verlegen sie ihre Nahrungssuche, die auf dem Wasser und an Land erfolgen kann, weitgehend in die Nacht. Wie alle Schwimmenten (*Anatinae*), zu denen sie gehören, schlafen sie unter solchen Verhältnissen tagsüber oft weit draußen auf offenen Wasserflächen, auf denen sie vor Jägern sicher sind. In Parklandschaften oder Städten, in denen das Jagen verboten ist, kann sich ihr Rhythmus stark verändern und man sieht sie häufig an Ufern oder auf Stegen auf einem Bein ruhen oder mit ihren tastempfindlichen Schnäbeln Futter aus Schlamm, Erde und Wasser herausseien. Selbst die zahlreichen Stadthunde bringen sie dabei kaum aus der Ruhe, denn im Zweifel wissen sie, dass sie nur auffliegen müssen, um die lästigen Dackel oder Dalmatiner loszuwerden.

In Städten, in denen es prinzipiell lauter, heller und wärmer als auf dem Land ist, verändern sich die Ruhe- und Bewegungsverhältnisse außerdem im jahreszeitlichen Rhythmus. Oft brüten Stockenten in der Stadt früher als auf dem Land, und das lässt ihre Vermehrungsrate insofern ansteigen, als sie anstatt einer auch zwei oder drei Bruten im Jahr meistern können. Das wird nicht unbedingt zu einer starken Zunahme der Stadtpopulationen führen – in Städten nehmen auch Fressfeinde wie Füchse und Bussarde oder Habichte zu –, könnte dennoch einen Teil der Population vom Land in die Städte verschieben.

Schwimmenten können ihren Schlafplatz im Wasser oder an Land relativ frei wählen, weil sie über Fettpolster im Körper, wasserabweisende Federn und ein sogenanntes Gegenstromprinzip in den Füßen verfügen. Das Gegenstromprinzip verhindert über ein kompliziertes Blutgefäßaustauschsystem, dass die Kälte aus dem Boden über die Füße in den Körper der Vögel eindringen kann, während gleichzeitig ständig Körperwärme in die Füße strömt. Das erklärt auch, warum die Enten selbst bei hohen Minusgraden nicht auf dem Eis festfrieren. Im Sommer ermöglicht es den Vögeln, starke Hitze über die Füße ins Wasser zu leiten.

Wer nicht über solche Mechanismen der Wärmeregulation verfügt, muss sich anders behelfen. Arktische Raufußhühner (*Tetraonini*) graben sich jeden Abend eine Schlafhöhle im Schnee, wenn er locker und tief genug ist. Ähnlich machen es die hiesigen, vor allem in den Alpen vorkommenden Haselhühner (*Tetrastes bonasia*) bei starkem Frost und Pulverschnee. Beide erreichen damit, dass ihre Umgebungstemperatur in der Höhle weit über der Außentemperatur liegt. Am Morgen verlassen sie ihre Höhlen wieder, indem sie die dünne Schneedecke durchbrechen. Die Hühner machen sich mit ihrer speziellen Übernachtungsmethode aber auch anfällig für Bodenfeinde. Denn Füchse und zunehmend auch wieder Wölfe, ob in der Arktis oder in den Alpen, werden die Hühner problemlos durch den Schnee riechen können, aus ihrer Höhle ausgraben und fangen.

McDonald's

Vögel, die sich wie Rebhühner oder Lerchen das ganze Jahr über vorwiegend am Boden aufhalten, suchen oder heben sich Mulden aus, in die sie sich zum Schlafen einschmiegen. Risikoreich bleibt das Leben für Bodenvögel und Bodenbrüter wie Nachtigallen und Lerchen auch dann, wenn sie ihre Nester und Ruheplätze in der wieder üppiger werdenden Vegetation im Frühjahr gut verstecken, so geruchlos wie möglich halten und sich selbst in unauffällig grau-braune Federn kleiden. Es ist nur scheinbar paradox, dass in Städten wie Berlin gerade Haubenlerchen wie Nachtigallen anthropogene Strukturen zu ihrem Schutz nutzen. So sieht man zum Beispiel an der Marzahner Chaussee in Hellersdorf einen kleinen fahlbraunen Vogel mit spitzer Federhaube, die, wenn er läuft, zu wippen scheint. Wie sicher er sich am Straßenrand neben den fahrenden Autos bewegt, ist kaum zu fassen. Haubenlerchen können die Geschwindigkeiten von Autos besser einschätzen als jedes andere Tier. Und so bauen sie ihre Nester am Boden oder leicht erhöht an Böschungen nah an stark befahrenen Straßen. Die vermeintlich gefährlichen Stellen bieten ihnen Schutz, weil Elstern, Turmfalken, Steinmarder und Wiesel diese Plätze gerade wegen der Autos meiden. Die ursprünglich aus den warmen weiten Steppen der Sahelzone Afrikas kommenden Lerchen sind am Anfang des 20. Jahrhunderts in die nördlichen Städte Mitteleuropas eingewandert. Man findet sie in Gewerbegebieten, auf Sportplätzen, neben Wendeschleifen von Straßenbahnen, Großbaustellen, auf Verkehrsinseln und in Neubausiedlungen wie in Berlin-Hellersdorf. Die vor allem am Boden laufenden Haubenlerchen profitieren dort nicht nur von der im Verhältnis zum Umland höheren Wärme und Trockenheit, sie nutzen auch die befestigten und gut gewarteten Wege der Menschen zur Orientierung.

Auch Nachtigallen suchen sich Plätze für ihre Nester in der Krautschicht der Pflanzen in direkter Nähe von Müllgefäßen an öffentlichen Plätzen oder auf viel umfahrenen Verkehrsinseln. Im Unterschied zu den Haubenlerchen, die ihr Leben hauptsächlich am Boden verbringen, brüten Nachtigallen allerdings nur dort. Und als Zugvögel, die in Afrika überwintern, haben sie weniger mit extremen Kälteeinbrüchen und langen Kältezeiten zu kämpfen als jene Vögel – wie Amseln,

Meisen, Zaunkönige oder Graureiher –, von denen die meisten das ganze Jahr über hierbleiben.

Graureiher (*Ardea cinerea*) sind schon wegen ihrer Größe, ihres im Flug angezogenen Halses und ihren unelegant rudernden Flügelbewegungen kaum zu übersehen. Dazu ruhen sie häufig in den Kronen hoher Bäume oder zunehmend auch auf Flachdächern von mittelhohen Wohnungsbauten. In Berlin, einer Stadt, in der sie schon im 19. Jahrhundert häufig im zentralen Tiergarten waren – obwohl sie damals noch von preußischen Kaisern bejagt wurden –, wählen sie den Berliner Zoo als Ruheplatz. Graureiher sind mit ihren schaufelnden Flügelschlägen zwar kräftige Flieger, aber wenig manövrierfähig. Im Flug können sie sich gegen Feinde praktisch nicht verteidigen, selbst deutlich kleineren Krähen sind sie meist unterlegen. So irritieren Krähen im Berliner Winter über den Bäumen des Tiergartens mit wenigen Wendungen Graureiher in deren Flug. In den hohen Bäumen im Zoo sitzend haben sie allerdings nichts zu befürchten. Obwohl sie keine Zootiere sind, dürfen sie dort leben. Die Graureiher sind sozusagen freiwillig von oben in den Zoo eingewandert. Da ruhen sie in großer Zahl in ihrer typischen Haltung, mit zurückgelegt eingeklapptem Hals und dem auf den Schultern ruhenden Kopf.

Graureiher und Elstern bleiben das ganze Jahr in lokal begrenzten Lebensräumen, und selbst Zehntausende Zugvögel, nämlich Dohlen und Saatkrähen, überwintern jedes Jahr in Berlin und anderen Städten des deutschen Nordens und Ostens. Dort schließen sie sich abends, besonders über Parkanlagen oder Bahnhofsvierteln, zu riesigen Schwärmen zusammen, bevor sie ihre Schlafstätten besetzen. Dabei schlafen die Krähen, die schon mal so viele werden können, dass sie den Himmel über dem Berliner Alexanderplatz verdunkeln, immer noch am liebsten in Bäumen. In die verteilen sie sich dann so geräuschvoll, dass mancher Anwohner sie als Lärmbelästigung empfindet.

Diese riesigen Schwärme verdeutlichen eine Funktion von Schlafgemeinschaften, die bisher nur für Krähen experimentell belegt wurde: Die Schlafgesellschaften dienen auch als Informationszentren und -quellen. Es ist nämlich nicht nur so, dass sie sich allein aus Zugvögeln zusammensetzen, ihnen schließen sich auch regelmäßig Krähen an, die das ganze Jahr über in der Stadt leben und das ohne große Einordnungsprobleme. Offenbar sind solche riesigen Schlafgemeinschaften von Zugvögeln offen und funktionieren ohne Abgrenzungstendenzen gegen lokale Vögel. Die können sich ihnen ebenso leicht anschließen, wie sie wieder verlassen. Was bei Saatkrähen und Dohlen, die bevorzugt in Kolonien dicht nebeneinander brüten, noch leicht einzusehen ist, überrascht bei den grau-schwarzen Nebelkrähen Berlins, die ganzjährig paarweise in Revieren brüten und sich gegen jede andere Nebelkrähe vehement verteidigen. Wobei weniger die Vorteile der Gemeinschaftsbildung schwer zu erklären sind als die psychische Dimension dieses Hin und Her zwischen dem Territorium und dem Schwarm. Denn ein Vogel, der ein Territorium ausgebildet hat, ist ein anderer Vogel als einer ohne Territorium. Ein Territorium verändert ein Tier vollständig; seinen Gang, seinen Flug, kurz: seinen Habitus.[9]

Zugvögel, die während ihrer Brutzeiten im Frühjahr und Sommer hierzulande Reviere und Paare bilden, lösen beides zum Ende des Sommers auf und schließen sich zu Schwärmen oder Fluggemeinschaften zusammen, um in den wärmeren Süden zu fliegen. Wie jede biologische Regel kennt auch diese ihre Ausnahme. Kuckucke etwa bilden Reviere, in denen jeweils ein Männchen mit seinem Ruf ein Weibchen anlockt, um sich mit ihm zu paaren. Allerdings hat sich ihr Gemeinschaftsleben damit auch schon erschöpft. Die Altvögel leben jeweils allein und ziehen, wenn es Zeit wird, schwarmlos des Nachts in ihre Winterquartiere im tropischen Afrika. Die Jungkuckucke, aufgezogen von verschiedenen Wirtselternvögeln, die jeweils unterschiedliche Winterquartiere haben, fliegen allein und später als die biologischen Eltern in den Süden. Die Besonderheit ist, dass sie trotzdem zielsicher ihre artspezifischen Winterquartiere finden. Wie das möglich ist, wie solche endogenen, sogenannten Zug-Zeitprogramme und die durch Vererbung vorgegebenen Wegzugrichtungen beim Kuckuck genau funktionieren, ist immer noch ein Rätsel.[10]

Klar ist jedenfalls, dass die Phasen der Territorialisierung und der Deterritorialisierung – der Auflösung des Territoriums – zeitlich getrennt sind. Und das selbst noch bei Vögeln, die, wie Stare oder Ringeltauben, keine oder nur noch kurze Strecken ziehen. Beide Arten lösen

zum Winter hin ihre Territorien auf und versammeln sich in mehr oder weniger großer Zahl. Bis zu vierzig Ringeltauben sitzen im Winter ruhig in Bäumen und fliegen auf, wenn sie etwa von einem Bussard oder Habicht gestört werden, suchen schnell Bodennähe, in der sie dem Greifvogel wohl besser ausweichen können als in der Luft.

Die riesigen, aus Millionen Vögeln bestehenden Starenschwärme sind nicht nur in Rom wegen ihrer abendlichen Flugmanöver zu einem Youtube-Hit geworden. Dabei wird es in den Bäumen, in denen sie sich zum Schlafen niederlassen, nicht weniger laut als in den Winterkrähenschwärmen. Neben der Lärmbelästigung fällt vor allem der Kot auf, den die Vögel nachts ausscheiden. In Rom gibt es während der Versammlungszeit der Stare im Herbst und Winter regelmäßig Warnungen, sein Auto nicht in Straßen zu parken, in denen die Stare schlafen.

Vogelhaltern fiel schon vor Jahrhunderten auf, dass Zugvögel zu bestimmten Jahreszeiten nachtunruhig werden. Bei Zugvögeln, die mit der Hand aufgezogen und in Käfigen gehalten werden, kann dieses Verhalten auf seine inneren Mechanismen hin und in Abgrenzung zu anderen Unruhen präzise untersucht werden. Selbst Vögel in freier Natur, die nicht mehr ziehen, tragen noch die Zeichen ihrer Vergangenheit als Zugvögel in sich und zeigen sie in ihrem Verhalten. Eine der tiefgreifenden Veränderungen betrifft ihre Ruhephasen. In Zeiten, in denen sie sonst schlafen oder ruhen, in der Regel nachts, befällt sie eine Unruhe, die ihre Nacht zum Tag macht. Auf einmal hüpfen, flattern oder schwirren sie. Dabei schlagen sie im Sitzen mit erhobenen Flügeln in hoher Frequenz und geringer Amplitude. Dieses Schwirren, die Zugunruhe, beschreibt der Vogelzugforscher Peter Berthold bei den nicht mehr ziehenden Vögeln als »Ziehen im Sitzen«.[11]

Berthold, der vor allem mit Mönchsgrasmücken gearbeitet hat, entdeckte auch einen direkten Zusammenhang zwischen der Zugunruhe und der Angewohnheit von Vögeln, nachts zu ziehen. Viele vor allem kleinere Arten wie Nachtigallen, Grasmücken oder Kuckucke überqueren nachts große Landmassen wie die Sahara. Die Zugunruhe ist offenbar so etwas wie eine physische Vorbereitung auf die Anstrengungen des kommenden Zugs. Sie unterscheidet sich von anderen

Unruhen, zu denen Berthold die Dispersions-, Sommer-, Winter-, Hunger-, Durst-, Eingewöhnungs- und Schlafplatzunruhe zählt.[12] Seine Forschung führte nicht nur zu Erkenntnissen zur Zugunruhe, zu Zugzeiten und -routen, sondern lieferte auch Hinweise darauf, wie lange es dauern könnte, bis eine Zugvogelpopulation nicht mehr zieht. Bei Mönchsgrasmücken wäre das schon nach fünf oder sechs Generationen möglich, sofern die genetische Variabilität der jeweiligen Population es zuließe und die nicht mehr oder kaum noch ziehenden Vögel die Mehrzahl erreichen.

Zurück zur Schlafplatzunruhe der gemischten Krähengesellschaften im winterlichen Berlin oder Wien. Neben der allgemeinen Unruhe, die jedes tagaktive Tier mit dem schwindenden Tageslicht befällt, taucht hier noch eine Unruhe auf, die mit der Frage zusammenhängt, wo man unter diesen Zehntausenden von Vögeln seinen Platz finden kann. Da wird um jeden Astplatz gestritten, jede Nachbarin auf ihre Verträglichkeit hin getestet usw. Dass bei diesem Gezeter und Gezerre noch etwas Angenehmes herauskommt, außer in Gesellschaft zu sein, kann man jeden Morgen studieren, wenn sie ihre Schlafplätze wieder verlassen. Die Krähen verteilen sich dann, in unterschiedlicher Gruppengröße in alle Richtungen fliegend, über die ganze Stadt und die angrenzenden Bezirke und Felder. Und genau für die Informationen, wo wie viel Nahrung eventuell zu holen ist und für wie viele Vögel sie ausreichen könnte, ist das abendliche Unruhe-Palaver in den Bäumen zuständig. Dieser Informationsaustausch ist der Grund, der die großen Ansammlungen für die nicht ziehenden, ganzjährig territorialen Nebelkrähen attraktiv macht. Dafür nehmen sie sogar in Kauf, in ihrem Revier während ihrer Abwesenheit ungebetenen Besuch von revierlosen Krähen zu bekommen.

Reviernebelkrähen lavieren in gewisser Weise auch außerhalb der Zugzeiten immer zwischen ihren Territorien und den Ansammlungen revierloser Krähengruppen. Die revierlosen Gruppen von bis zu vierzig Vögeln ziehen in der Stadt ständig umher, immer auf der Suche nach Gebieten, in denen sich ein neues Revier bilden lassen könnte. Das ist in Städten wie Berlin gar nicht einfach, da potenzielle Territorien von Paaren besetzt werden. Außerdem ist die Paarbildung bei

Nebelkrähen an ein Revier gebunden und Krähen bleiben allgemein gern länger als nur eine Saison mit ihrem Partner zusammen. Ein Revier oder Territorium hätte in diesem Fall also neben der Zeugung und Aufzucht von Nachkommen auch den Vorteil, mit einer vertrauten Krähe zusammenzuleben. Ein Vorteil allerdings, der auch Nachteile mit sich bringt, denn der Verlust eines Partners, zum Beispiel während der Jungenaufzucht, wiegt schwer. Und der Ersatz eines Partners ist bei den ohnehin wählerischen Krähen nicht einfach. Insofern ist es buchstäblich vernünftig, dass die Revierkrähen einen andauernden Kontakt zu den umherziehenden Krähengruppen halten. Die gemeinsamen Tratsch- und Schlafgruppen erfüllen dieses Bedürfnis. Das geht so weit, dass, selbst während das Weibchen die Eier bebrütet, das Männchen unregelmäßig bei den Gruppenkrähen schläft, um auf dem Laufenden zu bleiben.

Ein Nebeneffekt dieser Besuche ist, dass sich die Revierkrähen in diesen Schlafgruppen auch den vornächtlichen Abendstreitereien aussetzen und wahrscheinlich – trotz Schlaf – erst wieder zurück in ihrem Revier richtig zur Ruhe kommen. Damit kommt ein Aspekt der Territorialisierung in den Blick, der erst in den letzten Jahren diskutiert wurde: nämlich in einem Territorium schlicht seine Ruhe vor den Zudringlichkeiten anderer Artgenossen zu haben. Dass die Ausbildung von Territorien eine aggressionshemmende Wirkung hat, indem es potenzielle Konkurrenten räumlich trennt, ist wissenschaftlicher Konsens, ebenso ihre Bedeutung für die Sicherung von Ressourcen für die Fortpflanzung und allem, was damit zusammenhängt. Dass ein Revier auch einfach den Zweck haben kann, seine Ruhe zu haben, ist fast nie beachtet worden. Der Ruhemoment könnte aber auch eine Erklärung dafür sein, warum Vögel wie Nebelkrähen und Buntspechte ganzjährig Territorien und zunehmend auch Vögel wie Zaunkönige Winterreviere mit ihrem Gesang anzeigen.

Wer spätabends mitten im Schneewinter einen Zaunkönig seine mehrstrophigen Lieder trällern hört, kann davon ausgehen, dass der Sänger damit auch sagt, dass er in der Nähe einen warmen Schlafplatz gefunden hat. Vielleicht auf einem Dachboden neben einem Schornstein, der es ihm erlaubt, sich aufzuwärmen und in Ruhe zu schlafen.

Zaunkönige zählen zu jenen Arten kleiner Vögel, von denen in fast allen Gebieten Europas in extremen Kälteperioden viele Tiere zugrunde gehen. Als sogenannte Teilzieher spalten sie sich in solche Individuen auf, die im Winter in ihren Brutgebieten bleiben, und solche, die bis nach Ägypten fliegen. Wobei die Klimaerwärmung immer mehr Vögel dazu verführt, zu bleiben, wo sie aufgewachsen sind. In kalten Wintern kann ihnen das zum Verhängnis werden. Da nützt es auch wenig, dass sich Zaunkönige in der Kälte, im Gegensatz zu ihren sonstigen Gewohnheiten, in Baum- oder Steinhöhlen zu Schlafgemeinschaften von bis zu zwanzig Tieren zusammenfinden. Um der andauernden Kälte zu trotzen, sind sie einfach zu klein. Zaunkönige zählen zu den kleinsten Vögeln hierzulande. In einem Dauerrevier neben einem warmen Schornstein könnte ein Zaunkönig es aber schaffen zu überwintern, um dann gut vorbereitet bereits im Februar eines seiner vielen Kugelnester zu bauen, die neben dem Gesang zu seinen Attraktivitätsmerkmalen bei den Weibchen zählen. Mehrere Nester sind auch deshalb gut, weil Zaunkönige selbst während der Jungenaufzucht sich zwischendurch zurückziehen und auch mal eine Nacht in einem Nest ohne Junge schlafen.

Auch für die Jahresterritorien der Buntspechte sind Schlafplätze zentral. Sie nutzen sogenannte Schmieden, Stellen an Bäumen, an denen sie Haselnüsse einklemmen, um sie dann aufzuhacken. Hohle Äste oder auch Dachrinnen, auf die die Vögel rhythmisch pochen, werden Trommelplätze genannt und dienen dazu, ihre Anwesenheit anzuzeigen. Die Schlafhöhlen sind der dritte Attraktor, der die Spechte territorial bindet. Dabei zeigen besonders ihr Bau von Schlafhöhlen im Herbst wie auch ihre steigende Nervosität ihr zunehmendes Territorialverhalten. Die Vögel fliegen also nicht einfach in ihre Höhle, wenn der Tag vorbei ist. Nein, sie machen ein auffälliges Aufheben um ihren Flug in den Schlaf, indem sie sich schon eine Stunde zuvor an eine exponierte Stelle in Höhlennähe setzen und häufig und laut rufen. Überhören kann man diese Daseinsanzeige kaum, und es lässt sich nicht übersehen, dass der Specht erregt ist. Wahrscheinlich sind diese Hinweise auf seine Anwesenheit vor seiner Schlafhöhle in diesem Fall auch nötig. Buntspechte sind weniger streitlustig als generell unverträglich und zwar so sehr, dass man sich wundern kann, dass es sie überhaupt noch gibt.

Das schwierige Zusammenfinden der Partner beginnt bereits im Herbst oder Winter und dreht sich zuerst um die gemeinsame Nahrungssuche. Haben sie sich dabei bewährt, bleibt manches Spechtpaar auch über die einmalige Brutsaison im Frühjahr hinaus zusammen. Ob das gelingt, hängt davon ab, wer welche Schlafhöhlen besetzt, nachdem die Aufzuchtspaarbindung sich gelockert hat und die Jungvögel selbstständig geworden sind. Ohne Streit geht auch das nicht, aber nachdem sie sich auf eine Verteilung der getrennten Schlafhöhlen geeinigt haben, gehen sie sich friedlich aus dem Weg.

Es gibt Vögel, die ihre Lebensgewohnheiten weitreichend ändern, weil die Stadt ihre Wachzeiten deutlich verlängert. Das gilt beispielsweise für Wanderfalken wie in New York und auch Berlin. In Berlin sind es jene Paare, die seit 1986 im Turm des Roten Rathauses nisten. Die Berliner Falken wandern nicht mehr, sondern sind sesshaft. Tauben, Stare und auch die im Winter kommenden Lachmöwen bieten ihnen ganzjährig genug zu fressen, und das Licht vom Fernsehturm am Alexanderplatz liefert ihnen verlängerte Tagesjagdzeiten. So können die Falken auch nachts ziehende Zugvögel wie Kuckucke, Pirole oder Sprosser abgreifen. Für manche Vögel, wie bestimmte Schnepfen, weiß man überhaupt erst durch Federfunde am Wanderfalkennest, dass sie über Berlin ziehen und die Stadt mit ihrer Beleuchtung zu einem Orientierungspunkt auf ihrer Route geworden ist.

Amseln begannen schon Ende des 19. Jahrhunderts von den dunklen Wäldern, in denen sie ursprünglich lebten, in Städte umzuziehen. Ähnliches gilt für Sperber, die sich in jüngster Zeit auf dem Weg der Verstädterung befinden. Sie tun dies allerdings nicht in dem Ausmaß wie Amseln und bleiben auch auf Bäume angewiesen, da ihre vergleichsweise weichen Krallen auf Metall oder Dachziegeln leicht in Mitleidenschaft gezogen werden. Eine Beschränkung, die schon für den Uhu nicht mehr gilt. Dessen robuste Füße können auch über Dächer wandern, und man kann ihn immer häufiger in Städten neben Schornsteinen den Tag verdösen sehen.

NORDSEE

Ob die helleren Städte die Schlafzeit von Vögeln tatsächlich verkürzen, wie sie es bei Menschen im 20. Jahrhundert getan haben und weiter tun, weiß man nicht. Es ist zu vermuten, dass es für die Vögel eine kleinere Rolle spielt, da ihre Rhythmen von Art zu Art sowieso verschieden sind und sie wesentlich weniger auf den 24-Stunden-Takt angewiesen sind als Menschen. Ziegenmelker (*Caprimulgus europaeus)* zum Beispiel, Zugvögel, die hierzulande in Heidegebieten und an Hochmoorrändern leben, jagen in kurzen morgendlichen und abendlichen Flügen so viele Großinsekten, wie sie kriegen können. In der übrigen Zeit ruhen sie am Boden oder in Längsrichtung auf einem Ast sitzend, von dem man sie kaum unterscheiden kann – wegen ihres Tarngefieders und ihrer äußeren Ruhe. In Schlechtwetterphasen, in denen keine Insekten fliegen, hungern Ziegenmelker. Doch haben sie einen wirksamen Mechanismus entwickelt. In Experimenten fand man heraus, dass sie am ersten Tag tatsächlich zehn Prozent ihres Körpergewichts verlieren. Am zweiten Tag nehmen sie wesentlich weniger ab, senken stattdessen aber ihre Körpertemperatur. Nach einigen Tagen beträgt die Temperatur nur noch 25 bzw. 19 Grad – ihre Normaltemperatur liegt bei um die 40 Grad Celsius. Nur morgens und abends, zu den normalen Jagdzeiten, erwärmt sich für kurze Zeit der Vogelkörper. Bleibt das Wetter schlecht, wird auch der Vogel wieder kälter. Durch die Temperatursenkung können Ziegenmelker genug Energie sparen, um Schlechtwetterperioden, also Nahrungsmangel, zu überstehen.

Diese Ruhemethode entwickelten Kolibris zur Perfektion. Kolibris sind sehr klein und im Grunde dauerhaft auf der Suche nach Nektar in Bewegung. Das kostet bei einem kleinen 41 Grad warmen Körper viel Energie. Die Temperatur ist in der kälteren Nacht selbst in den Tropen nicht aufrecht zu erhalten. Kolibris verfallen deshalb regelmäßig nachts in einen Torpor genannten Starrezustand, dessen erste Ursache die Senkung der Körpertemperatur auf bis zu 18 Grad ist. Die Vögel sitzen bewegungslos da, man könnte sie vom Ast pflücken. Ihr Stoffwechsel ist reduziert und ihr Herz schlägt langsam, bis sie am Morgen mit der Sonne wieder aus der Starre erwachen.

Die Fähigkeit, durch die Senkung der Körpertemperatur in eine Art schützende Kälteruhestarre zu verfallen, ist gut erforscht. Über den umgekehrten Fall, tagelang überhaupt nicht zu schlafen, ohne müde zu werden, wusste man bis in die Nullerjahre wenig. Um diese Zeit hat die Forschungsbehörde des US-Verteidigungsministeriums viel Geld in die Erforschung eines Zugvogels gesteckt.[13] Dachsammern fliegen im Herbst von Alaska ins nördliche Mexiko und im Frühjahr wieder zurück. Während dieser Reise nutzen sie die Nacht zum Fliegen und den Morgen zur Nahrungssuche. Wenn sie nichts zu tun haben, singen sie. All dies tun sie – im Unterschied zu anderen Zugvögeln – sieben Tage in Folge, ohne je zu schlafen. Und das war insofern verblüffend, als die Vögel dabei nicht die geringsten Konzentrationsmängel zu haben schienen. Diese nicht abnehmende Konzentration hatte es dem Pentagon angetan – zu verführerisch ist die Vorstellung des schlaflosen Soldaten, der keine mentale Erschöpfung zeigt. Im Irakkrieg war es weder den US-Amerikanern noch den Briten gelungen, ihre übermüdeten Soldaten trotz Amphetamingaben so wach zu halten, dass sie nicht für die eigenen Leute zur Gefahr wurden. Dem sollten nun die Neuromechanismen abhelfen, die die Dachsammern sieben Tage ohne Schlaf wachhalten. Ob das funktioniert hat, weiß man nicht.

Dachsammern, die Menschen so genannt haben, weil sie einen schönen schwarzen Federstrich über den Augen tragen, sind aus einem anderen Grund ornithologische Berühmtheiten geworden. Singvögel müssen ihren Gesang wie wir unsere Sprache lernen. Auch deshalb zählt die Forschung am Vogelgesang zu den wenigen Gebieten der Biologie, auf dem man Analogien zum menschlichen Spracherwerb und -gebrauch ziehen kann, ohne allzu sehr Gefahr zu laufen, Blödsinn daherzureden. Auch der Vogelgesang kann sich über die Jahre im Klang so verschieben, dass die älteren Töne für aktuelle Zeitgenossen uninteressant werden. Die ersten gesicherten Ergebnisse dazu veröffentlichte die Biologin Elizabeth Derryberry im Jahr 2010.[14] Derryberry hatte in Nordkalifornien einer Population von zwanzig in angrenzenden Territorien lebenden Dachsammern bis zu dreißig Jahre alte Gesänge aus derselben Region vorgespielt. Das Ergebnis zeigte, dass die Vögel auf die älteren Gesänge kaum bis gar nicht reagierten. Spielte

sie den Reviersängern aber aktuelle Lieder vor, wurden diese nervös und begannen nach dem vermeintlichen Eindringling zu suchen. Derryberry spielte ihre Gesangskonserven nicht nur Männchen, sondern auch Weibchen vor. Auch bei denen waren die aktuellen Varianten beliebter als die alten Töne und erzeugten schnellere Reaktionen. Dennoch reagierten die Weibchen auch auf die alten Aufnahmen. Sie machten die artüblichen Gesten des Paarungsaufrufs, indem sie den Rücken wölbten, ihren Schwanz und ihren Schnabel erhoben und einladend mit den Flügeln flatterten. Offensichtlich waren sie sich weniger sicher als Dachsammerhähne, ob vom Alten nicht doch eine Attraktion ausgehen könnte.

Derryberry hatte mit diesen Versuchen als Erste gezeigt, dass sich Vogelgesänge nicht nur lokal – ähnlich wie unsere Dialekte – innerhalb einer Art unterscheiden können, sondern dass sie sich über die Zeit so verändern, dass sie wahrscheinlich nicht nur unattraktiv werden, sondern auch kaum mehr von den Nachfahren entfernter Generationen verstanden werden. Auf den Schlaf der Dachsammern hat das zwar keine direkten Auswirkungen, es gibt dennoch einen Hinweis darauf, warum die Vögel selbst während ihres nächtlichen Zugs noch singende Töne anklingen lassen: Ihre Weibchen hören genau hin und mögen die aktuelleren, auf der Höhe der Zeit schwingenden Töne lieber als die alten.

MaroHeft #15 • 2. Auflage: April 2026
mit beiliegendem Plakat von Ulrike Steinke

Die MaroHefte werden von Kolja Burmester und Sarah Käsmayr herausgegeben. Gesetzt aus der Directa Serif, mit Original-Druckgraphiken in vier Sonderfarben gedruckt bei Zimmermann, Unterschleißheim, auf alterungsbeständigem Werkdruckpapier, fadengeheftet bei der Buchbinderei Henrich, Kirchheim.
 • ISBN 978-3-87512-630-3